遇见抹茶

遇见

遇见抹茶 遇见有滋味的小日子

[英] 乔安娜·法罗 著
李菲 译

天津出版传媒集团
天津科学技术出版社

图书在版编目（CIP）数据

遇见抹茶，遇见有滋味的小日子 /（英）乔安娜·法罗著；李菲译. -- 天津：天津科学技术出版社，2019.7

书名原文：Meet Your Matcha:Over 50 Delicious Dishes Made with this Miracle Ingredient

ISBN 978-7-5576-6239-4

Ⅰ. ①遇… Ⅱ. ①乔… ②李… Ⅲ. ①甜食一制作 Ⅳ. ①TS972.134

中国版本图书馆CIP数据核字(2019)第065598号

遇见抹茶，遇见有滋味的小日子
YUJIAN MOCHA，YUJIAN YOU ZIWEI DE XIAO RIZI
责任编辑：方　艳

出　　版：天津出版传媒集团
　　　　　天津科学技术出版社
地　　址：天津市西康路35号
邮　　编：300051
电　　话：（022）23332695
网　　址：www.tjkjcbs.com.cn
发　　行：新华书店经销
印　　刷：河北盛世彩捷印刷有限公司

开本 820×1230　1/24　印张 5　字数 80 000
2019年7月第1版第1次印刷
定价：42.00元

抹茶是一种特别的绿茶粉。在日本，抹茶是传统茶道表演的基本用具。在茶道表演中，茶的烹煮制作都含有冥思的意味。表演中用的器具、制作和端送技巧，以及配茶饮的甜点，都是表演仪式中不可或缺的一部分。

茶道表演中用的抹茶分为四个不同等级：礼仪级、冲泡级、经典级和烹煮级。礼仪级别的抹茶是一种色泽鲜亮的绿茶粉，是由去掉杂枝的嫩茶叶打磨而成的。其他级别的抹茶的味道和色泽也是由所使用的茶叶类型、质量和制作过程所决定的。礼仪级的抹茶只适合沏茶，而其他级别的抹茶既能用于冲沏，也能用于烹煮。

抹茶口味独特，因此也适合加入其他食物中以增添风味。而且，不同于普通茶叶的叶态形状，粉状的抹茶无论用来泡茶还是做菜，您都能品尝到每一个颗粒。

抹茶含有的营养物质包括维生素、矿物质和抗氧化物，其中抗氧化物的含量比普通绿茶多100多倍。这些抗氧化物包括叶绿素和抗癌物质儿茶酸，其中，叶绿素能够通过净化有害物质来解毒。由于抹茶是以荫栽茶叶制作而成的，因此其中的叶绿素含量比其他种类的绿茶要多得多。

抹茶保留了绿茶原本的香味，味道独特，与其他食材搭配时可以调节其他食材的味道，让食物更加美味。例如，甜点中加入抹茶，不仅能够削弱甜点原本的甜腻味道，还给甜点增添了微苦而芬芳的茶香。而且，几乎所有的食材都可以跟抹茶搭配，制作成美味的食物，如黄油、奶油、米饭、冰激凌、热巧克力饮料，就连味道强烈的姜、蒜、柠檬草也可以和抹茶碰撞出别样的风味。

本书提供了很多美味食谱，这些都只是您了解抹茶魅力的第一步。跟着这本食谱，无论是制作果汁、鸡尾酒，还是制作沙拉、烘烤食物，您都可以加入一些抹茶，尝试更多的抹茶美味！

怎样用抹茶泡绿茶

如果你以前没有尝过抹茶，那么，在制作抹茶饮料和菜品前，可以先用抹茶冲泡一杯绿茶。这样，你就能品味到它醇厚的口感，明白该怎样调制抹茶。

在隔热碗或隔热杯中倒入四分之一茶匙的抹茶。烧一壶开水，凉2～3分钟，然后向装有抹茶的碗或杯子中倒入一点点开水，搅拌均匀，使抹茶完全溶解，然后再加入更多的水。如果想要口味更浓，可以多加一点儿抹茶。掌握了冲泡抹茶的技巧后，就可以尝试本书中推荐的抹茶椰子奶了。

抹茶竹搅拌器（在日本被称作茶筅）最适合用于搅拌茶饮，去除抹茶形成的块状物，使茶水冒出泡泡。另外，手摇式咖啡搅拌机也可以达到同样的效果。如果没有这些工具，用打蛋器或餐叉也可以。

跟其他茶饮一样，抹茶也是鲜泡的口味最佳，如果泡制时间过长，茶水就会变苦。如果是用来做点心或正餐，抹茶的原味就能够保持较长时间。

该用多少抹茶

无论是冲沏绿茶，还是做沙拉、糖霜、汤或饭，食谱中所需的抹茶量都可以根据个人口味而调整。本书提供的食谱中，抹茶的用量都是极少的，因为这样，任何不习惯抹茶口味的人都能品尝到它淡淡的清香，而不会觉得太冲。毕竟，要加更多的抹茶很容易，但要把抹茶从食物中挑出来可就难得多了！要记住，如果你想要加更多的抹茶，只要加一点儿水或者跟其他食材一起搅拌就可以了。

用抹茶做食物，还需要考虑颜色搭配——一勺抹茶就能让冰激凌或蛋糕变成鲜亮的绿色，加入的抹茶越多，颜色就会越深。但要注意，如果食物主色调是红色的话，加入过量的抹茶就可能会使食物变成棕色，那样会让人提不起胃口来。

往食材中添加抹茶

虽然抹茶是粉状的，但跟其他食材搭配使用时它的黏稠度会变得很高。

将抹茶加入牛奶、热水、酸奶、果汁、糖浆等液体食物中时，要先用一点点水将抹茶搅拌均匀。用打蛋器或抹茶竹搅拌器最好，但如果没有这类搅拌器，就用一把餐叉，将粉末形成的块状物打散，使之充分溶解，这样，你的食物才不会出现“硬块”。

抹茶还可以跟固态黄油、糖或其他干性食材搅拌在一起，之后再加入食谱中。

CONTENTS 目录

1 早餐 001

2 主餐 017

3 沙拉和配菜 041

早餐

1

莓莓果昔碗

△2人份

这款果昔不仅配料丰富，看上去让人很有食欲，又因为添加了抹茶而美味可口。

准备时间：25分钟

食材

- 300克松软的水果，如草莓、树莓、红浆果
- 3汤匙椰子奶油
- 1汤匙葵花子
- 2～3茶匙抹茶
- 1汤匙南瓜子
- 1～2汤匙枫糖浆或龙舌兰花蜜
- 一小把山核桃之类的坚果碎块、剩余的水果（上面用到的树莓、草莓、红浆果之类）、葵花子和抹茶，用于装饰

步骤

1 将水果、椰子奶油、抹茶、南瓜子和葵花子放入食物搅拌机，搅拌均匀，充分混合。加入枫糖浆或龙舌兰花蜜搅拌调味，然后倒进两个浅盘中。

2 将山核桃碎块、多余的水果和瓜子撒在上面，并涂抹上一点儿抹茶做装饰。

Tips

记住，无论你有多么喜欢抹茶，都不要加入太多，如果加入太多，就得不到充满活力的红色果昔了。

格兰诺拉燕麦配蔓越莓和姜

△700克格兰诺拉燕麦

将牛奶倒入抹茶口味的格兰诺拉燕麦片中，会形成一种微妙的、美丽的、令人垂涎的色彩，变成一种极好的绿色版的可可米！如果想要不同的口味和营养，可以每次添加不同的坚果、瓜子和干果。

准备时间：10分钟　　烹饪时间：25分钟

食材

- 2汤匙菜油
- 3汤匙原蔗黑糖或红糖
- 40克姜末
- 75克葵花子或南瓜子
- 2茶匙抹茶
- 50克葡萄干
- 75克液态蜂蜜
- 1个柠檬，去皮，磨碎
- 300克粥或燕麦片
- 75克去皮杏仁碎块或巴西胡桃碎块
- 100克蔓越莓干
- 牛奶、果仁奶、燕麦奶或酸奶，备用

步骤

1 将大张烘焙纸铺在烤盘上，放进烤箱中预热至180摄氏度。

2 将油、蜂蜜、糖、柠檬和姜放进一个大碗中，并加入燕麦片、坚果和瓜子，搅拌直至充分混合。

3 将上述混合物倒在烤纸上，均匀铺一层。烤25分钟，中间要将食材翻几次。

4 将烘焙纸及食物从烤箱中取出，凉10分钟。

5 用滤网将抹茶撒在上面制作好的食物（此时可以称为“格兰诺拉燕麦”）上，并加入蔓越莓干、葡萄干，充分搅拌。

6 将食物完全凉凉，然后放进密封容器中（可保存数周）。吃的时候，将格兰诺拉燕麦放进麦片粥碗中，浇上牛奶、酸奶、果仁奶或燕麦奶。

Tips

如果想要更悠闲一点的早餐，就用加蜂蜜或枫糖浆的希腊酸奶，倒进盛装格兰诺拉燕麦的碗里，还可以配上草莓或覆盆子。

抹茶煎饼

△10~12块小煎饼

准备时间：15分钟　　烹饪时间：10分钟

食材

- 125克纯面粉或中筋面粉
- 1茶匙发酵粉
- 1汤匙抹茶　　• 少许盐
- 2个中型蛋，将蛋清和蛋黄分开
- 150毫升牛奶
- 菜油，用于炸
- 枫糖浆、希腊酸奶或鲜奶油，备用

步骤

1 将面粉、发酵粉和抹茶放入碗中，加入少许盐。在面粉中挖一个小洞，倒入蛋黄液，并加入少许牛奶，与蛋黄搅匀，逐渐添加剩余的牛奶，再从碗边将面粉推进洞中，不断地搅拌，直到混合物变得光滑为止。

2 在另一个干净的玻璃碗里将蛋白搅拌均匀，直到表面出现松软的凸起，并能从碗中将蛋白糊轻轻揭起。

Tips

先煎薄饼，再油炸薄培根片，可以配上一点儿枫糖浆或蜂蜜与煎饼一同食用。

如果希望烹饪水果风味的，可以将成熟多汁的梨切成薄片，刷上一层枫糖浆、香草糖，炙烤数分钟，直到变成棕红色。当然，还可以用厨房打火枪来让水果变色。

用大金属勺子轻轻将蛋白糊和步骤1的混合物搅拌均匀。

3 往平底锅里倒入少许油加热，用勺子将糊糊舀入锅中，拍成适当大小的饼状，并保证互相不粘连。烹饪1～2分钟，直到煎饼下面变成金黄色。将煎饼翻面，继续加热30～60秒。将饼盛进盘中保温，并继续烹饪剩下的糊糊，锅干了，可以再加油。

4 将烤好的煎饼存放在保温盘中，根据喜好淋上一点儿枫糖浆、希腊酸奶或鲜奶油。

奇亚抹茶牛奶什锦

△2人份

晚上花几分钟时间制作这份什锦，第二天当早餐吃。奇亚籽可以给牛奶添加浓厚的奶油味，而抹茶则为这道什锦增添了一抹色彩。如果是素食主义者，则可以将牛奶换成燕麦片、杏仁麦片或米浆。

准备时间：5分钟，包括摆盘

食材

- 1茶匙抹茶
- 200毫升牛奶
- 50克粥或燕麦片
- 2茶匙奇亚籽
- 少量肉桂粉
- 25克小葡萄干或提子干
- 1把烤腰果或澳洲坚果碎屑
- 少量的蜂蜜
- 1个苹果

步骤

1 在抹茶中加入少量牛奶，搅拌均匀，然后将剩下的牛奶也完全倒入碗中，搅匀，再加入燕麦片、奇亚籽、肉桂粉、小葡萄干或提子干，盖好保鲜膜，放置过夜。

2 吃的时候，将苹果放入碗中捣碎，再加入烤腰果或坚果碎屑，并在表面浇上少量的蜂蜜。

抹茶软干酪和熏鲑鱼三明治

△2人份

周末或者某个空闲的日子里，可以试着将这道美味的菜肴搬上餐桌。如果不习惯鲑鱼的口味，那么熏制的鳟鱼也是不错的选择。

准备时间：2分钟

配料

- 两片黑面包或粗裸麦面包薄片
- 100克全脂或中脂软干酪
- 1.5茶匙抹茶
- 1汤匙软黄油
- 100克熏制鲑鱼
- 鲜莳萝屑，用来撒
- 新鲜的胡椒粉

步骤

1 微微烤一下面包片。将抹茶和一部分软干酪放进碗中捣碎，搅拌均匀，再加入剩下的干酪和黄油，搅拌均匀。

2 将上述混合物撒在餐盘里的面包片上，并将熏制鲑鱼叠放在上面，再撒上新鲜的莳萝屑和胡椒粉。

抹茶酱鸡蛋葱豆饭

△4人份

世界各地的抹茶控都很喜欢这道餐点！将抹茶酱浇在热的蔬菜饭上，酱料就会化开，让饭更加美味。

准备时间：10分钟　　烹制时间：25分钟

配料

- 250克棕色或白色长粒香米
- 少许小葱或青葱薄片
- 100克青豌豆或小蚕豆（如果是冷冻的，就请先解冻）
- 3汤匙剁碎的香菜
- 0.5茶匙姜黄粉
- 食用海盐和鲜黑胡椒粉
- 65克加盐软黄油
- 4个中等鸡蛋
- 10颗小豆蔻
- 青柠角
- 1茶匙抹茶

步骤

1 将米放入沸的淡盐水中煮10～15分钟，煮软即可。平底锅里加入开水，将蛋放入，煮7分钟。凉凉后去除蛋壳。用研杵和研钵将小豆蔻磨碎，取出豆蔻荚，并将豆蔻子研碎。

2 将40克黄油和抹茶放入碗中搅拌均匀，制成抹茶酱。将剩下的黄油放在煎锅中加热，放入小葱或青葱煎制2分钟，然后加入米饭、青豌豆或蚕豆、小豆蔻、香菜、姜黄粉，再加入一些盐和黑胡椒粉，搅拌均匀，用文火烘焙3分钟。

3 将蛋切成4瓣，放进锅中，继续烘焙2～3分钟。最后，将锅中食物倒进温热的餐盘中，舀一些抹茶酱放到上面，可以用青柠角做配料。

> **Tips**
>
> 再没有比抹茶酱更有抹茶原味的食物了。剩下的酱料可以涂抹在面包、烤土豆上，或跟米饭搅拌在一起。

樱桃抹茶小松饼

△12个小松饼

干的酸樱桃果和抹茶的味道形成了鲜明的对比，新烤制的味道更佳——烤好并且仍然是温热的。剩下的冷冻起来，吃时加热即可。

准备时间：10分钟　　烹饪时间：20分钟

食材

- 100克粥或燕麦片，多余的可用来装饰
- 100克干酸樱桃，剁碎
- 50克去皮白杏仁，剁碎
- 2个中等鸡蛋，打入碗里
- 150克中筋面粉
- 75克全麦面粉
- 1茶匙混合香料粉
- 150克砂糖
- 50克液态黄油
- 1汤匙发酵粉
- 1汤匙抹茶
- 284毫升脱脂乳

步骤

1 往有12个烤盘的烤饼锅中分别放入纸筒，将烤箱预热至200摄氏度。将面粉、发酵粉、香料粉和抹茶过滤到碗中，并将滤网上留下的残渣一并倒进碗里，再放入燕麦片、糖、樱桃和杏仁，搅拌均匀。

2 将脱脂乳、蛋液和黄油混合，并倒入步骤1的碗里，用大金属勺子将混合物搅拌均匀。

3 将混合物分别倒入烤盘里的纸筒中，撒上燕麦片，烤制18～20分钟，直到膨胀并烤硬，取出放到金属架或冷却架上冷却。

早餐谷物棒

△12~14支谷物棒

没有时间烹饪早餐的话，可以用这种果味的食物棒来给你上午的工作生活补充能量。放在密封容器里保存时间更长。

准备时间：10分钟　　烹饪时间：30分钟

食材

- 75克无花果干或椰枣干，50克剁碎的南瓜子
- 100毫升椰子油
- 75克蜂蜜
- 75克黑砂糖或红糖
- 75克杏干，剁碎
- 25克黑芝麻或白芝麻
- 200克粥或燕麦片
- 25克椰丝干或椰片干
- 1汤匙抹茶

步骤

1 将烤箱预热至180摄氏度。在一个23平方厘米（约合9平方英寸）的方形烤盘里铺上一块烘烤锡纸，使锡纸完全平铺在盘中。

2 将椰子油倒进大碗中，放进烤箱或者热水碗中略略加热化开。碗里加入蜂蜜、糖、水果干、南瓜子、芝麻、燕麦片、抹茶，搅拌均匀。

3 将上述的混合物放入烤盘中，用勺子底压成饼状，烘烤约30分钟，直至表面变成金黄色。此时，混合物仍然是软的，放在烤盘中凉凉，然后切成手指状。将谷物棒放入密闭容器中可保存两周以上。

主餐

2

抹茶开心果面包皮烤羊排

△2～3人份

开心果和抹茶给简单的烤羊肉增加了酥脆的口感，加上烤土豆或奶油小土豆和季节性的蔬菜更佳。

准备时间：10分钟　　烹饪时间：30分钟

食材

- 25克黄油
- 100毫升红酒
- 25克白面包，撕成片
- 1茶匙抹茶
- 2根葱，剁碎2瓣蒜
- 0.5茶匙剁碎的鲜迷迭香
- 25克开心果（如果喜欢的话，可以去皮）
- 食用海盐和黑胡椒粉
- 1块法式羊排，含6～7根肋骨
- 150毫升羊高汤
- 1汤匙原蔗黑糖

步骤

1 将烤箱预热至220摄氏度。将黄油放入平底锅，化开后放入葱、蒜和迷迭香，稍稍煎制2分钟。

2 将开心果和面包放入食品加工机中打碎，加入抹茶，加入葱、蒜和迷迭香的混合物，加入少许的盐和胡椒粉，搅拌均匀。

3 将羊排放入烤盘中，去皮的一面朝上，将上一步的抹茶混合物撒在羊排上。如果不喜欢全熟的羊排，那么烤25分钟就足够了；如果喜欢全熟，就只需延长10分钟的烤制时间。烤好后放入浅盘中保温，同时制作肉汁。

4 将羊高汤、红酒和糖加入烤盘中，煮沸，搅拌均匀。煮数分钟，直至肉汁变稠。按照肋骨切开排骨，浇上肉汁即可。

Tips

开心果去不去皮不重要，但去了皮之后会更突出鲜亮的绿色！将开心果放入碗中，倒入开水直至淹没所有果子，浸泡30秒，捞起用凉水冲洗，沥干。用纸巾稍稍擦一擦去掉开心果的外皮，残余的擦不掉的外皮可以用手指甲去掉。

茴香慢炖奶香猪肉

△4人份

用牛奶慢炖猪肉给肉增添了一种奶的甜味，也增添了松软的口感。牛奶就是现成的调味汁——跟抹茶相配，味道就更加特别了！还可以搭配时令蔬菜、土豆泥和玉米糕一起食用。

准备时间：15分钟　　烹饪时间：3小时

食材

- 1.3~1.5千克猪腿肉片，去皮，卷好
- 食用海盐和黑胡椒粉
- 1个大球茎茴香，切成薄片
- 1个洋葱，切成薄片
- 2茶匙玉米粉或玉米淀粉
- 1头蒜，横向切成两半
- 15克香芹，剁碎
- 900毫升牛奶
- 1茶匙茴香籽
- 2茶匙抹茶
- 2汤匙黄油

步骤

1 将烤箱预热至170摄氏度。将猪肉涂满盐和胡椒粉调味。将黄油放置于煎锅中加热化开，放入调好的猪肉，煎至表面呈棕褐色。将肉倒入砂锅中，并将煎锅中的酱料全部倒在肉上。

2 将茴香片、洋葱片、茴香籽和蒜放入砂锅中。用前面用过的煎锅将牛奶煮沸，倒在猪肉上，盖好锅盖，放进烤箱中加热，时间为2.5小时。炖煮过程中可以将肉翻面，以让牛奶完全浸入肉中。

3 将肉放入浅盘中，遮盖好，保温，同时制作调味汁。过滤砂锅中的牛奶，并倒入平底锅中，加热10分钟，但要确保牛奶不会沸腾，溢出锅外。

4 用3汤匙水，将抹茶和玉米粉搅匀，倒进加了香芹的牛奶中烹煮，搅拌数分钟，直至液体变稠，适度地调味，配上猪肉片一同食用。

泰式麻辣酱虾饼

△4人份

蘸上抹茶酱，这道小虾饼的口味更显独特。要想让晚餐变得更加丰盛，可以跟米饭或鸡蛋面搭配着食用，还可以在饼上浇上辣椒酱。

准备时间：20分钟　　烹饪时间：10分钟

- 少量的大葱或青葱，切成薄片
- 2汤匙花生油、豆油或菜油
- 3汤匙砂糖和1茶匙砂糖
- 25克姜，切碎
- 碎橙皮，一个酸橙打制的橙汁
- 一个红辣椒，去籽，切碎
- 2茶匙泰式鱼酱
- 15克香菜，切碎
- 350克虾仁
- 2瓣蒜，捣碎
- 1茶匙抹茶

步骤

1 将葱、姜、橙皮、一半的辣椒、一半的蒜、2汤匙香菜末放入食品加工机中混合搅拌，然后加入虾仁、鱼酱和1茶匙糖，稍稍搅拌一下，刮干净容器的边。当混合物变为厚实的糊状而未达泥状时，停止搅拌。

2 将上述的糊状物做成12个大小差不多的饼，冷藏储存，直至烹饪。

3 将剩下的糖放入平底锅中，加3大汤匙水，直至糖溶解。将糖水烧开，煨1分钟，直到成浆。将抹茶放入小碗中，跟橙汁一起搅拌，然后逐渐倒入糖浆中搅拌均匀，并将剩下的辣椒、蒜和香菜倒入，搅拌均匀，倒在一个小盘子中。蘸酱就做好了。

4 在煎锅中将油加热，煎制虾饼2分钟，直至饼面变成金黄色。用金属抹刀或锅铲将饼翻面，将另一面也煎至金黄色，熟透为止。如果你用的是小锅，则需要煎两次才能煎完12个饼。最后，沥干油，配上蘸酱一起食用。

日式鳎鱼饭卷

△4人份

野生稻米、抹茶和香料填入鱼片中食用很美味，配上甜土豆泥或薯条，就是一道丰盛的主菜。

准备时间：25分钟　　烹饪时间：1小时

食材

- 8个去了皮的鳎鱼片或鲽鱼片，每个75克
- 50克糙米片或白米片
- 1汤匙日本酱油
- 2蒜瓣，捣碎
- 10克香菜，切碎
- 150毫升椰子奶油
- 250毫升鱼高汤
- 2汤匙芝麻油
- 1.5茶匙抹茶
- 1个小洋葱，剁碎
- 1个红辣椒，去籽，切碎
- 25克姜，切碎
- 40克野生稻米

步骤

1 将野生稻米放入沸水中煮25分钟，刚刚变软即可。加入米片再煮3分钟，然后捞出，沥干水分。

2 将烤箱预热至200摄氏度。将一半的油刷在烤盘上。剩下的油放进煎锅里，微微加热，放入洋葱煎制2分钟。加入蒜、姜和辣椒，烹制30秒，然后盛入碗里，并加入沥干了水的米饭、抹茶和1茶匙日本酱油。

3 将鱼去皮的那一面朝上，放在案板上，将上述米饭混合物撒在鱼肉上，将鱼肉卷起来，从尾部开始卷起，用线将肉卷捆好。将鱼卷放入烤盘中，再加上一半的鱼高汤。将剩下的酱油淋在鱼卷上，然后用厨房锡纸覆盖烤盘，烘烤25分钟。

4 将鱼卷摆放在盘子里，解开捆住鱼卷的线，保温存放。将剩下的鱼高汤、椰子奶油和香菜放入锅中，低温烹煮，搅拌，直至混合物变得光滑，然后倒在鱼卷上。

安康鱼抹茶烩饭

△3~4人份

不要因这道料理奇特的食物组合而感到失望——事实上它很美味！无论是家庭聚餐还是热闹的宴会，这一道主食都堪称完美。

准备时间：20分钟　　烹饪时间：30分钟

食材

- 300克安康鱼片，切成小片
- 食用海盐和新鲜的黑胡椒粉
- 1个大洋葱，切碎
- 约1升热鱼高汤
- 250克意大利米
- 150毫升干白葡萄酒
- 3汤匙新鲜的香菜碎或香芹碎
- 50克黄油
- 1茶匙抹茶
- 1茶匙芥末酱
- 2瓣蒜，捣碎

步骤

1 用盐和胡椒粉给鱼调味。将一半的黄油放在大的平底锅中加热化开，然后放入洋葱稍稍煎制2分钟，加入蒜和安康鱼，烹饪2分钟，盛入盘中。

2 将芥末酱、抹茶和几大勺鱼高汤倒入一个小碗中搅拌均匀并存放好。

3 往锅中加入意大利米，搅拌1分钟，加入干白葡萄酒，直至酒沸腾、蒸发。加入一满勺鱼高汤搅拌，烹煮，直至被吸收，继续烹饪，不时加入满勺鱼高汤，搅拌一两分钟，不断重复加入、搅拌。烹煮到米饭变软，但仍然保留着一点点质感。尝起来是多汁的——你可能不需要用上所有的鱼高汤。

4 米饭锅里放进鱼，放进抹茶混合物，放进香菜碎或香芹碎。将剩下的黄油洒在鱼上，加热直至黄油化开，适当调味，即可品尝。

抹茶面饼鸡肉面

△4人份

口味独特的抹茶与可口的面饼，再配上亚洲口味的面条，真是绝味的搭配。如果喜欢吃全素餐，可以用蔬菜高汤和蘑菇片代替鸡肉。

准备时间：25分钟　　烹饪时间：35分钟

食材

- 100克小白菜，绿叶和菜帮分开，切碎
- 2个红尖椒，去籽，切成薄片
- 0.5茶匙新鲜黑胡椒粉
- 3大片鸡胸，去皮
- 1个大洋葱，切碎
- 3个八角
- 3瓣蒜，切成薄片
- 2茶匙粗砂糖
- 800毫升鸡高汤
- 50克腰果
- 20克姜，剁碎
- 2汤匙葵花籽油
- 100克面条

面饼配料

- 175克低筋面粉
- 1茶匙发酵粉
- 0.5茶匙抹茶
- 0.5茶匙食用海盐
- 160毫升罐装椰子奶油
- 50毫升扁桃仁奶或燕麦奶

步骤

1 将八角和糖、胡椒放入小的调料研磨机或咖啡机中打碎，涂抹在鸡胸肉上，将鸡胸肉切成小块。

2 加热一个大的浅的煎锅或炒菜锅，将腰果烤成浅褐色，盛出放在一旁备用。往锅里倒入1大汤匙油加热，将鸡胸肉略略煎一下，倒入一个盘中。将剩下的油、洋葱和辣椒倒入锅中，煎5分钟，再加入蒜和姜翻炒1分钟。

3 加入鸡高汤搅拌，然后煮沸，盖上锅盖，小火煮10分钟。

4 烹煮时，准备面团。将面粉、发酵粉和抹茶用滤网过滤到碗中。加入盐、椰子奶油和奶，揉成一个软面团，将面团放到铺了一层薄面粉的案板上，揉捏成12个小圆饼。

5 将鸡胸肉、腰果和碎菜帮倒入锅中，烹制3分钟。加入面条和菜叶，搅拌，直至面条变软，将小面饼摆在面条上，盖上锅盖微煮10分钟，直至面饼膨胀、熟透为止，用勺子舀到浅碗中，摆盘。

Tips

如果你没有研磨机或研钵来研磨八角，就先将糖和胡椒粉涂抹在鸡肉上。将八角和洋葱、辣椒一起放在锅里炒就可以了。

抹茶奶酪意大利面

△4人份

意大利面、蔬菜和美味柔软的抹茶奶酪搭配，就组合成了一种美味的食物。如果喜欢吃肉，就加一点儿鸡肉、培根或火腿。

准备时间：20分钟，包括制作面食　　烹饪时间：15分钟

食材

- 300克西蓝花
- 200克芦笋尖
- 150克新鲜或冷冻的豌豆
- 3汤匙黄油
- 2瓣蒜，剁碎
- 1个柠檬的皮，切碎
- 300克干意大利面
- 150毫升低脂稀奶油
- 食用海盐和鲜黑胡椒粉

抹茶奶酪配料

- 2茶匙抹茶
- 300毫升脱脂奶
- 300毫升半脱脂奶
- 0.25茶匙干薄荷
- 1汤匙食用海盐

步骤

1 先制作抹茶奶酪。将抹茶和少许脱脂奶放入碗中，搅拌均匀，然后混入剩下的脱脂奶。将半脱脂奶、薄荷与盐放进汤锅中加热，直至冒泡，但不能沸腾，这时倒入混合好的脱脂奶，搅拌，凉凉。

2 将一块厨房纸巾铺在滤网上，将滤网放在碗上，倒入脱脂奶混合物，保存在冰箱中过夜，直至乳浆完全滴入碗中，滤网上只留下奶酪为止，将奶酪盛入盘中。

3 将西蓝花菜茎切成小块，菜花的部分单独保存。将芦笋尖剪下来，切成两三片。把西蓝花的菜茎放进沸水中焯5分钟，加入西蓝花的菜花和豌豆，再焯1分钟，然后捞出，沥干水分。

4 在煎锅中加热黄油，使之化开，将芦笋微煎5分钟，加入蒜、柠檬皮、西蓝花和豌豆搅拌均匀，用盐和胡椒粉调味。

5 在煎芦笋的同时煮一大锅盐水，水开后放入意大利面，煮3分钟，刚刚变软就好。沥干水分，再放入平底锅中。往锅中加入芦笋、西蓝花、豌豆和奶油，搅拌均匀，翻炒1分钟。

6 盛出装盘，将抹茶奶酪放在面条上。

菜花茴香汤

△4人份

无论是做头盘还是用热硬皮面包蘸食当午餐，这款汤都是不错的选择。

准备时间：15分钟　　烹饪时间：35分钟

食材

- 1个中等大小的菜花
- 50克黄油
- 1个球茎茴香，切碎
- 1瓣蒜，捣碎
- 1升蔬菜高汤或鸡高汤
- 2.5茶匙抹茶
- 5汤匙高脂浓奶油
- 2汤匙刺山柑，洗干净
- 1汤匙白葡萄酒醋
- 食用海盐

步骤

1 采下几朵菜花，切片保存。将剩下的菜花（包括菜茎）切成粗短的条状。

2 取40克（约3汤匙）黄油，放入炖锅中加热，使之化开，加入茴香，微煎5分钟，再加入蒜，煎1分钟。倒入条状的菜花，搅拌5分钟，加入高汤，炖煮20分钟，直至菜花变软。

3 用食物搅拌机或食品加工机搅拌汤液，直至汤液表面变得平滑，再倒回锅中。然后加入2茶匙抹茶、3大汤匙奶油，放入一汤匙刺山柑，加入一汤匙酒醋和少许盐，搅拌均匀，调味。搅拌的同时用文火加热，直至汤变温热。

4 将剩下的黄油倒入煎锅中加热，使之化开，把保存的菜花取出，微微煎制，直至色泽变成金黄色，口感变软为止。将汤舀进碗里，把菜花撒在汤中。将剩下的奶油浇在汤上，再加入剩下的刺山柑和抹茶。

牛油果青椒抹茶泥

△2人份

这是一道有益于健康的午餐菜肴，非常适合抹在现烤的面包上与绿叶菜一同食用。抹茶让牛油果更添了一份奶油般柔滑的口感。

准备时间：5分钟

食材

- 1个成熟的大牛油果
- 半个青椒，去籽，切碎
- 0.5茶匙抹茶
- 1茶匙蜂蜜
- 压榨酸橙汁或柠檬汁
- 食用海盐和黑胡椒粉

步骤

1 将牛油果切成两半，去核，擦入碗中。如果可以的话，请用餐叉将牛油果捣成泥。

2 加入辣椒、抹茶、蜂蜜、柠檬汁或橙汁，用海盐与黑胡椒粉稍加调味，搅拌均匀，即可食用。

哈罗米芝士抹茶饭

△4人份

这道料理非常好吃，还可以配上香肠、鸡肉、鲭鱼或沙丁鱼一起食用。

准备时间：15分钟　　烹饪时间：50分钟

食材

- 125克野生稻米，淘洗干净
- 175克普伊扁豆，冲洗干净
- 200克哈罗米芝士，切成薄片
- 2个大洋葱，切成薄片
- 1个青椒，去籽，切成薄片
- 食用海盐和鲜黑胡椒粉
- 1.5汤匙鲜薄荷碎
- 1.5茶匙抹茶
- 3瓣蒜，捣碎
- 4汤匙橄榄油
- 1茶匙小茴香籽
- 2茶匙鲜迷迭香碎

步骤

1 将米放入足量的沸水中，煮10分钟，加入扁豆，再煮15～20分钟，直至米和扁豆变软为止，然后捞出，沥干水分。

2 往煎锅中加入2汤匙橄榄油，将哈罗米芝士煎至两面呈棕褐色，盛盘。再将剩下的橄榄油、洋葱和青椒加入煎锅中，煎制12～15分钟，不断搅拌，直至混合物变成淡黄色为止。再加入蒜、迷迭香、小茴香籽、抹茶和1汤匙薄荷碎，搅拌均匀。

3 将米饭和扁豆倒入锅中，充分搅拌均匀，用盐和胡椒调味。将哈罗米芝士放在米饭上，加热至熟透，并撒上适量的薄荷碎。

沙拉和配菜

3

绿茶寿司沙拉

△4人份

传统寿司的很多营养成分都包含在这道简单的沙拉里了。

准备时间：15分钟，包括凉凉时间　　烹饪时间：20分钟

食材

- 8个小萝卜（做沙拉用的小萝卜），切成薄片
- 25克寿司姜片（若用卤水泡过，需沥干水分）
- 2汤匙黑芝麻，再加少许用来装饰
- 少量青葱，切成薄片
- 1个青椒，去籽，切碎
- 75克日本毛豆（豆粒）
- 2～2.5汤匙白米醋
- 225克日本寿司米
- 2茶匙抹茶
- 1汤匙芝麻油
- 1茶匙盐
- 1汤匙精制砂糖
- 2片寿司海苔
- 1汤匙酱油

步骤

1 将米和盐放入平底锅中，再倒入400毫升沸水，盖上锅盖，微煮8分钟，直至水分被完全吸收。煮饭时，将抹茶放入碗中，加入2汤匙水，搅拌，直至抹茶羹表面变得光滑，然后加入米饭锅里搅拌，直至米饭变成浅绿色。盖上锅盖，再煮5分钟，直至米饭全熟、变黏为止，倒入碗中凉凉。

2 加热煎锅，倒入芝麻，烤2分钟，倒进米饭中。重新加热煎锅，锅底变热之后，往里面铺一张海苔片，数秒后翻过来，直

至两面烤熟、变脆，以同样的方式，烹制另一张海苔片。将做好的海苔放在一个盘子里。

3 在煎锅里加热芝麻油，将葱和辣椒煎制30秒，倒入米饭中。在煎锅中加入少许的水，煮豆粒2分钟，沥干水分，与姜和小萝卜片一起放入米饭中，凉凉。

4 吃的时候，加入白米醋、糖和酱油，搅拌均匀，然后将海苔片捣碎撒在沙拉上，并撒上适量的芝麻。

柠檬蜜饯抹茶沙拉

△4～6人份

这款沙拉口感清爽，适于夏天食用，是用北非小米（couscous）与抹茶一起烹饪的。柠檬和香芹令这道沙拉更加清香。

准备时间：15分钟，包括晾凉时间

食材

- 200克北非小米，洗净，沥干
- 半个小红皮洋葱，剁碎
- 8个去核的椰枣，切碎
- 2茶匙蔬菜清汤粉
- 40克香芹，切碎
- 3个柠檬蜜饯
- 50克松仁
- 1汤匙柠檬汁
- 2汤匙蜂蜜
- 4汤匙橄榄油
- 2茶匙抹茶
- 2茶匙哈里萨酱

步骤

1. 将小米、蔬菜清汤粉和抹茶放入耐热碗中，搅拌均匀，倒入250毫升沸水，静置10分钟，直至水分被完全吸收，小米膨胀起来为止。用餐叉翻松，凉凉。
2. 将柠檬蜜饯切成两半，只留蜜饯皮，其余不用。将蜜饯皮切碎，跟洋葱、香芹、松仁和枣一起倒入碗中。
3. 将柠檬汁、蜂蜜、橄榄油和酱倒入一个小碗中，搅拌均匀。吃的时候，再淋在沙拉上。

豆沙酸奶西葫芦沙拉

未经加工的沙拉配料丰富，口味鲜美，这道料理本身就可以当正餐食用，也可以配以简单烹饪过的肉和鱼一起食用。

准备时间：15分钟

食材

- 食用海盐和鲜黑胡椒粉
- 2个胡萝卜，切碎
- 200克西葫芦
- 2汤匙鲜香菜碎
- 100克希腊酸奶
- 2汤匙鲜薄荷碎
- 4汤匙橄榄油
- 2茶匙柠檬汁
- 1茶匙抹茶
- 2瓣蒜，捣碎
- 200克蚕豆
- 50克腰果

步骤

1 将蚕豆放入沸水中焯2分钟，沥干，凉凉。西葫芦切成丝，放进碗中。

2 将蚕豆、胡萝卜、腰果、油、柠檬汁、0.5茶匙抹茶和一半的蒜倒入食物加工机中，大致搅拌一下，使所有食材混合，然后倒入放有西葫芦丝的碗里，搅拌均匀，用一点点盐和胡椒调味。

3 将薄荷、香菜和剩下的抹茶、蒜倒进酸奶中混合。把沙拉装到盘中，在上面浇上一层酸奶混合物。

石榴抹茶马苏里拉奶酪沙拉

△4～6人份

抹茶给这道非常惹人爱的沙拉增添了坚果油一般的口味，搭配烤鸡或烤羊食用，口感更佳。

准备时间：10分钟　　烹饪时间：5分钟

食材

- 75克美洲山核桃
- 1茶匙砂糖
- 1茶匙抹茶
- 1茶匙蛋白
- 2茶匙柠檬汁
- 食用海盐
- 5汤匙胡桃油或榛子油
- 2茶匙玫瑰哈里萨酱
- 1个大石榴或250克石榴粒
- 2汤匙鲜薄荷碎片
- 1小株生菜，切成楔形
- 125克马苏里拉奶酪
- 鲜薄荷叶，用于点缀

步骤

1 将烤炉预热至200摄氏度，在烤盘上铺一张烘烤纸。将蛋白打入一个碗里，放入山核桃搅拌，直至蛋白将核桃覆盖住为止。加入糖，搅拌均匀。全部倒到烘烤纸上，摊开成薄薄的一层，烘烤5分钟，凉凉。

2 将抹茶和1汤匙油倒入一个碗里，搅拌，直到光滑。加入柠檬汁、玫瑰酱、剩下的油和少许盐，搅拌。加入薄荷叶和石榴粒。

3 吃的时候，将生菜放进一个大盘中，将步骤2的混合物倒在生菜上。将马苏里拉奶酪切片，跟坚果一起撒在沙拉上，再加上薄荷叶点缀，装盘。

抹茶蛋黄酱

△大概250克蛋黄酱

这道蛋黄酱跟其他的蛋黄酱一样用途多多，尤其适合跟鱼肉、鸡肉和蛋类一起食用，甚至可以就着普通的三明治一起吃。

准备时间：5分钟

食材

- 2个蛋黄
- 0.5茶匙芥末酱
- 1茶匙抹茶
- 3～4茶匙白葡萄酒醋
- 250毫升淡橄榄油
- 少许食用海盐

步骤

1 将蛋黄、芥末酱、抹茶粉和2茶匙醋放入一个小的食物料理机中，搅拌均匀。

2 料理机运转时，慢慢地滴入橄榄油，直至蛋黄酱逐渐变稠。然后继续倒油。如果有必要的话，将料理机壁上的混合物也刮下来。

3 用一点儿盐，再加入1～2茶匙酒醋来调味，搅拌均匀，即可食用。吃不完的蛋黄酱要密封冷藏保存。

抹茶芝麻盐

△40克抹茶芝麻盐

芝麻盐是一种非常美味的调味料，是盐的一种健康替代品。它可以用来烤肉、烤鱼、煎芝士、拌沙拉，甚至煲汤提味。芝麻盐在手，任何简单的食物都会变得美味。

准备时间：5分钟　　制作时间：3分钟

食材

- 2茶匙食用海盐
- 4汤匙芝麻
- 1张寿司海苔
- 1茶匙抹茶

步骤

1 加热一个煎锅，将食用海盐倒入锅中，烘烤1分钟，然后将盐倒入碗中。锅里加入芝麻，烤1～2分钟，直至芝麻颜色变深，并倒入盐碗中。

2 将海苔平铺在锅中，烘烤直至变脆。盛入碗中，弄碎，加入抹茶搅拌均匀。

3 将上述所有混合物放入小的食物料理机中，捣成颗粒状（也可以用杵或槌），盛入密闭容器中，可以保存数周。

抹茶芥末酱炒干坚果

△225克炒坚果

跟其他加盐调味的坚果不一样，这道坚果料理将重口味的芥末和口味独特而清淡的抹茶巧妙地结合在一起。可以就着饮料一起食用，也可以当作正餐中的一道美味小吃。

准备时间：3分钟，包括凉凉时间　　烹饪时间：10分钟

食材

- 200克去皮白杏仁和腰果
- 2茶匙玉米面或玉米淀粉
- 1茶匙抹茶
- 4茶匙蜂蜜
- 1汤匙芥末酱
- 食用海盐

步骤

1 将烤箱预热至200摄氏度。在烤盘上放一张烘焙纸。将玉米面或玉米淀粉、抹茶放入一个中号碗里搅拌，再加入芥末酱和蜂蜜，搅拌成厚实而光滑的酱料。

2 加入杏仁和腰果，搅拌均匀，直至坚果被酱料包裹。将坚果倒在准备好的烤盘上，注意不要粘连。

3 烘烤7～8分钟，直至酱料变干，坚果变色。撒上一些食用海盐，凉凉。将粘连在一起的坚果分开。如果坚果表面仍然柔软且有黏性，就请放回烤箱重新烘烤。完全凉凉后，倒入盘中食用。存入密闭容器中，可以保存5天。

甜品和糕点

4

大黄拼盘抹茶奶冻

△6人份

再没有比柔滑的抹茶奶冻和玫瑰粉色的大黄搭配更加漂亮的食材组合了。如果没有鲜嫩的大黄，就用杧果来代替。

准备时间：15分钟，包括冷冻　　烹饪时间：5分钟

食材

- 4片明胶片或1汤匙明胶粉
- 300毫升牛奶
- 1.5茶匙抹茶
- 300毫升高脂浓奶油
- 100克砂糖

大黄拼盘

- 65克砂糖
- 300克大黄
- 树莓粉

步骤

1 先做奶冻。将明胶放入冷水中浸泡，直至变软。将2汤匙牛奶和抹茶倒入一个碗中搅拌，直至混合物变得光滑。再加入剩下的牛奶。倒入平底锅中，加入奶油和糖，加热，但不要沸腾。

2 将软明胶从水中取出，加入热的抹茶牛奶之中，搅拌数秒，直至明胶溶解。将混合物倒入一个方便倾倒的容器中，凉凉，将混合物搅拌均匀，防止抹茶沉底，往6个小圈饼模具或其他金属模具中分别倒入125～150毫升混合物，冷冻至少4个小时，待

其凝固。

3 做大黄拼盘。将大黄的茎纵向切成四段，每段约4厘米长。将糖放入平底锅中，加入3汤匙水，微微加热，直至糖溶解。加入大黄，再稍加烹煮，直至微软，只需几分钟即可，轻轻搅拌一两次。将大黄和果汁倒入碗中，凉至凉透。

4 用刀尖将奶冻上部边缘切松。小碗中倒入热水，将模具浸入水中数秒，然后倒扣在菜盘上，晃动模具，倒出奶冻。

5 将大黄和果汁撒在奶冻上，再撒上树莓粉，完成。

Tips

如果是杧果拼盘，那就准备半个大杧果，将果肉切成薄片。再准备12个荔枝，去皮和核，将果肉切成两半，与杧果混合放入碗中。在平底锅中放入40克砂糖和3汤匙水，加热，直至糖溶解。将锅从火上移开，再倒入1汤匙柠檬汁搅拌均匀，把杧果和荔枝倒进去，轻轻搅拌，然后静置凉凉。

抹茶蔓越莓杏仁脆饼

△20个脆饼

将饼干烘烤两次，饼干就变成了大家熟知的意式脆饼，无论是搭配咖啡还是餐后甜酒，都是绝对的美味。

准备时间：15分钟，包括凉凉时间　　烹饪时间：40分钟

- 75克去皮白杏仁，切碎
- 3汤匙软黄油
- 100克原蔗黑糖
- 75克蔓越莓干
- 2茶匙抹茶
- 0.5茶匙发酵粉
- 1茶匙杏仁汁
- 1个蛋黄
- 1个中等蛋
- 125克低筋面粉

步骤

1 将烤箱预热至170摄氏度。在大烤盘上铺上烘烤纸。将黄油、糖、抹茶和杏仁汁放入碗中，用电搅拌器搅拌，直至混合物凝结，呈奶油状为止。

2 往混合物中加入蛋液搅拌均匀，直至颜色变淡，加入杏仁和蔓越莓干，搅拌均匀。

3 加入面粉和发酵粉，搅拌，使之变成面团。将面团放在烘烤纸上，手上沾满面粉，将面团拍成35厘米×8厘米大小的长方形，烘烤30分钟。

4 将面饼从烤箱中取出，除去烘烤纸，凉15分钟。用齿刀或面包刀将饼轻轻锯成薄片，以防止饼干碎裂。把除去的烘烤纸重新放入烤盘中，将切好的薄片摆放在上面。

5 继续烘烤10分钟，直至饼干变干、变脆，将饼干放至冷却架上凉凉。

抹茶香草冰激凌

△4~6人份

这又是一道发挥抹茶魔力的奶油甜点！制作完成后，放入冰箱中储存约1小时，然后才能盛入冰激凌碗或蛋筒中。

准备时间：10分钟，包括凉凉和冷冻时间　　制作时间：5分钟

食材

- 1茶匙玉米面或玉米淀粉
- 1茶匙香草精
- 4个蛋黄
- 300毫升牛奶
- 2茶匙抹茶
- 300毫升高脂浓奶油
- 100克砂糖

步骤

1 将蛋黄、抹茶、砂糖、玉米面或玉米淀粉、香草精放入碗中，不断搅拌，直至混合物变得光滑。将牛奶倒入平底锅中煮沸，再倒入上述混合物中，搅拌均匀。

2 将混合物倒进平底锅中，小火烹煮，搅拌3～5分钟，直至变稠。然后从火上移开，倒入碗中，罩上保鲜膜，以防止表面凝固成皮，静置凉凉。

3 用冰激凌机将混合物搅拌成冰激凌状，加入奶油搅拌，直至变厚、变滑，放入冷冻盒中冷冻。吃的时候，拿出来直接食用。

抹茶罗勒酸橙格兰尼塔冰糕

△4~5人份

这款冰糕就像一种半冰冻、充满着果香的冰茶，如冰冻果子露一般清凉爽口，却比果子露口感更佳。放在冰箱中可以保存数月之久，在除掉冰晶食用之前，只需用叉子稍稍翻动一下即可。

准备时间：10分钟，包括冷冻时间　　制作时间：2分钟

食材

- 适量的鲜罗勒叶，用来点缀
- 20克鲜罗勒叶，切碎
- 6个酸橙
- 2茶匙抹茶
- 1个柠檬
- 175克砂糖

步骤

1 将酸橙和柠檬打成汁，倒入水壶中，加入冷开水，制作成300毫升的溶液，加入碎罗勒叶，搅拌均匀。

2 将抹茶和糖放入小的平底锅中，再加入300毫升水，微微加热，不断搅拌，直至糖完全溶解。倒入冰箱的冷冻盒中，加入酸橙柠檬汁，搅拌均匀，静置凉凉。

3 冷冻数小时，直至变成糊状，尤其是边缘部分。用叉子翻捣，打碎冰晶，重新冷冻约1小时，直至快要成形。再次用叉子翻捣，并冷冻。

4 再次用叉子捣碎冰晶，舀入杯中，撒上鲜罗勒叶做点缀。

蓝莓抹茶奶酪蛋糕

△10人份

抹茶和蓝莓搭配，无论色泽还是口感都是绝佳的。这道口感如丝绸般顺滑的奶酪蛋糕填料底部是杏仁、枣和蓝莓，比普通的糕点口感更加丰富！

准备时间：15分钟，包括凉凉时间　　制作时间：5分钟

食材

- 125克白杏仁，切碎
- 100克去核的椰枣
- 100克蓝莓干

填料配料

- 4片明胶片或1汤匙明胶粉
- 100克蜂蜜
- 500克全脂奶油奶酪
- 2汤匙砂糖
- 250克希腊酸奶酪
- 1.5茶匙抹茶
- 150毫升高脂浓奶油
- 2茶匙香草精
- 新鲜蓝莓和少许抹茶，用于装饰

步骤

1 将杏仁、枣和蓝莓放入食品料理机中，捣碎、搅拌，搅拌至混合物黏手为止。将混合物倒入直径20厘米（约8英寸）的活底盘中，填满底部，把边缘修平。确保压紧，冷藏。

2 将明胶片放入冷水中静置，待明胶吸水。将奶油奶酪、蜂蜜、糖、香草精和抹茶倒入碗中，搅拌均匀，加入酸奶酪，继续搅拌，直至成奶油奶酪混合物。将浓奶油放入小的平底锅中，煮沸。然后从火上移开，将变软的明胶片从水中捞出，加入热的奶油之中，搅拌直至溶解。

3 将浓奶油倒在上一步制作的奶酪混合物上，搅拌直至充分融合。然后放到填料上，将上方抹平。冷却至少4小时，直至成形。

4 松松奶酪蛋糕边缘，从饼模中取出，放入盘中，并撒上蓝莓和抹茶做装饰。

绿茶霜夹层黑巧克力三明治

△12人份

奶油状的绿茶霜夹在口感黏黏的巧克力蛋糕之中，就成就了一道美味的周末甜点。蛋糕中本来就含有抹茶，夹层中只需要一点点，能让糖霜呈淡绿色即可。

准备时间：30分钟，包括凉凉时间　　制作时间：50～60分钟

食材

- 40克可可粉
- 125克黑巧克力，切块
- 100克加了少许盐的黄油
- 225克原蔗黑糖
- 1汤匙抹茶
- 2个蛋，打散
- 150克中筋面粉
- 1茶匙发酵粉
- 1茶匙肉桂粉

夹层糖霜配料

- 0.25茶匙抹茶
- 250克糖霜或精制细砂糖
- 375克全脂软奶酪
- 125克加了盐的软黄油
- 2茶匙柠檬汁
- 少量抹茶，用来点缀

步骤

1 将烤箱预热至170摄氏度。用油刷一下直径18厘米（7英寸）的饼模，然后铺上烘烤纸。将可可粉放在碗中，倒入150毫升沸水搅拌，直至溶解，并凉凉。

2 将空碗放入一个盛满热水的平底锅中，使碗漂浮在水面上，将巧克力放入碗中，使之化开。将黄油、糖和抹茶倒入另一个碗中，搅拌成奶油状混合物，慢慢地倒入蛋液，然后倒进巧克力中，搅拌均匀。

3 将面粉、发酵粉和肉桂粉一起搅拌均匀，然后再加入可可粉搅拌均匀，将混合物倒入饼模中，抹平混合物表面。烘烤50～60分钟，直至表面质感坚硬，将筷子插入其中，再取出也不带任何残渣碎屑（如果拔出的筷子沾了少许的巧克力，这就说明蛋糕中间仍然是湿润的）。放在饼模中凉凉。

4 糖霜制作：将抹茶和糖放在一个小碗中，用勺子底部冲捣，直至充分混合。将软黄油和奶酪放入另一个碗中搅拌，直至混合物变得光滑为止。加入抹茶和糖的混合物以及柠檬汁，再次搅拌，直至变成奶油状物。凉凉蛋糕时，将奶油状物冷却定型。

5 将厚蛋糕切成三层，用三分之二的糖霜将三块蛋糕黏合成三明治，并将剩下的糖霜抹在三明治表层的蛋糕上，用抹刀的刀刃在糖霜的边缘打旋。如果喜欢，还可以撒少量抹茶做装饰。

橙子糖奶油椰浆饭

△3~4人份

小豆蔻和抹茶给口感柔滑的饭团增加了一份别样的滋味。这道美食中还加入了脆脆的橙子糖，质感更加丰富。

准备时间：15分钟　　制作时间：15分钟

食材

- 1个大橙子
- 75克砂糖
- 12个小豆蔻
- 65克米片
- 400毫升罐装椰子奶
- 150毫升杏仁奶、燕麦奶或米浆
- 2茶匙抹茶
- 50克小葡萄干

步骤

1 先制作橙子糖。将烘烤纸铺在烤盘中。用尖利的小刀从橙子上削下几缕橙子皮，并去除橙皮上的白色筋络，将橙皮尽可能地切成薄片。

2 煮沸一锅水，加入橙皮焯1分钟。捞出沥干，并用厨房纸巾吸干多余的水分。往橙皮中加入3汤匙糖，倒进烤盘中，铺成薄薄的一层。

3 放入烤箱中微微加热，直至糖开始变焦为止（请留心观察，因为糖很容易焦）。凉凉，同时制作饭团。

4 用杵或槌捣小豆蔻，将壳挑拣出，继续捣碎。把米片、配料中的两种奶和捣碎的小豆蔻放进一个平底锅中，微煮10分钟，不断搅拌，直至米变软，混合物变厚变稠。

5 将剩下的糖倒入抹茶中混合，跟小葡萄干一起倒进米饭中，轻轻搅拌，烹煮2分钟。将米盛进碗中，将橙子糖放在饭团上。

Tips

橙子糖本身就是一种美味甜点，可以把它剁碎放入礼品袋或礼品盒中。

甜点 5

非乳制绿茶冰棒

△8~10支冰棒

对素食主义者和不喝奶制品的人而言，这款冰棒口感像牛奶一般丝滑，而且口味独特。炎热的夏日午后，吃这款健康美味的甜品真是再合适不过了！

准备时间：5分钟，包括冷冻时间

- 1根成熟的香蕉
- 1.5茶匙抹茶
- 350克无乳椰子酸奶
- 100克龙舌兰糖浆或椰花蜜
- 100毫升燕麦奶或米浆
- 1汤匙柠檬汁

步骤

1 将香蕉切片，倒入食品料理机中，加入抹茶搅拌，直至变成黏稠的泥状。

2 加入椰子酸奶、龙舌兰糖浆（椰花蜜）、燕麦奶（米浆）和柠檬汁，再次搅拌，直到均匀光滑，刮下碗边的残留物。

3 转移到罐中，再倒进冰棒模具里。将木棒插进盛满了果汁的模具中，冷冻数小时，直至坚固。

4 吃的时候将模具从冰箱中取出，用热水冲洗，直至能够轻松拔出冰棒为止。

巧克力核桃抹茶饼

△18～20个饼

加入抹茶后，酥脆的饼干变成了鲜亮的绿色，而白巧克力和坚果也给饼干增添了一份厚实感。跟冰抹茶相搭，茶饮和饼干都呈绿色，真是绝配！

准备时间：15分钟　　制作时间：15分钟

- 50克软黄油
- 100克金色砂糖
- 2茶匙抹茶
- 1个蛋
- 75克核桃，捣碎
- 150克白巧克力，切块
- 125克面粉

步骤

1 将烤箱预热至180摄氏度。将大张的烘烤纸铺在烤盘中。把黄油、糖和抹茶倒进碗中，搅拌均匀，加入蛋继续搅拌，直至混合物变成淡黄色的奶油状为止。

2 加入核桃、巧克力和面粉，搅拌均匀。用甜点勺舀几勺上述混合物，用沾满面粉的手将混合物捏成球状。将小球一个一个放在烤盘上，用手掌拍成饼状。

3 烘烤15分钟，直至饼膨胀松软，并开始变成棕黄色为止。在烤盘上凉5分钟，再转移至冷却架上，继续冷却。

抹茶夹心饼干

△20个夹心饼干

此款饼干实际上就是以抹茶奶油为夹心的酥脆巧克力饼，最适合配下午茶食用。

准备时间：20分钟，包括冷却时间　　制作时间：15分钟

食材

- 150克中筋面粉
- 50克可可粉
- 50克玉米面或玉米淀粉
- 175克固态黄油，切成丁
- 100克原蔗黑糖

填料配料

- 125克糖霜或精制细砂糖
- 75克软黄油
- 2茶匙抹茶

步骤

1 将黄油、面粉、可可粉和玉米面（玉米淀粉）一起放入食品料理机中搅拌，直至混合物变成类似面包碎屑的状态。加入糖，搅拌成面团。用保鲜膜裹住，冷冻30～45分钟。

2 将烤箱预热至180摄氏度。往两个烤盘中铺入烘烤纸。往案板上铺一层薄薄的面粉，把面团擀薄，厚度小于5毫米，用直径5厘米的饼干切割器切成小圆饼，分别放入烤盘中，烘烤15分钟后，放在烤盘中凉5分钟，然后转移到冷却架上继续冷却。

3 制作填料。将糖霜、黄油和抹茶倒入一个碗中，用电搅拌器搅拌均匀。加2茶匙热水，继续搅拌，直至变成淡黄色的奶油状。用填料将双层饼黏合起来，夹心饼干就做成了。

白巧克力抹茶松露球

△24个松露球

加上这些小球，让你的晚餐变得特别一些吧。跟咖啡或薄荷口味的茶搭配最好，也可以存放在礼盒中当作绝佳的礼品赠送给他人。

准备时间：20分钟，包括冷却时间　　制作时间：5分钟

食材

- 2.5汤匙椰子油
- 1.75茶匙抹茶
- 300克白巧克力，切碎
- 100毫升高脂浓奶油
- 50克糖霜或精制细砂糖

步骤

1 将椰子油和1.5茶匙抹茶倒入碗中，放在盛满沸水的平底锅中，确保水不会漫到碗里，待椰子油化开就轻轻搅拌至均匀。

2 将白巧克力倒入碗中，静置使之溶化，偶尔搅拌，至混合物完全溶化。将碗从平底锅中移开，加入奶油，搅拌均匀。注意不要过分搅拌，不然混合物会变为灰色。静置凉凉，直至凝结成形。

3 将糖霜和剩下的抹茶混合放入盘子中。取一茶匙松露混合物，用手滚成小球。然后在抹茶、糖霜里面滚滚小球，并放入另一个盘子中，移至阴凉处冷却，然后放入容器中。这些松露球能在阴凉处或冰箱中储存3天时间。

糖霜抹茶炸面饼

△12个炸面饼

再没有比含有少量抹茶的鲜炸甜面饼更美味的零食啦！姜汁果酱能给这款面饼增添独特的辛辣味，用杏酱或梨酱调味也很不错。

准备时间：25分钟，包括发酵时间　　制作时间：15分钟

食材

- 50克加了少许盐的液态黄油
- 400克高筋面粉
- 2茶匙速效干酵母
- 1个蛋，打散
- 1.5茶匙抹茶
- 75克砂糖
- 200毫升温牛奶
- 菜油，用于煎炸
- 6汤匙姜汁果酱

抹茶糖霜配料

- 100克砂糖
- 0.5茶匙抹茶

步骤

1 将面粉、抹茶、酵母和糖放入碗中，充分搅拌，混合均匀。加入蛋、黄油和牛奶，用糕点刀制作一个柔软的面团，如果面团过干就加一点儿水。往案板上撒上薄薄的一层面粉，面团揉10分钟，直至变得柔软光滑。还可以将面团放入单独的搅拌器中，用搅面钩揉5分钟。将面团放入一个加了少许油的碗中，用保鲜膜覆盖，放在温暖的地方放置1～1.5小时，直至面团膨胀到原来的两倍。

2 给两个烤盘分别微微涂上一层油。将面团放在铺了面粉的案板上，切成12个同样大小的小块，并揉捏成圆形，一个一个地放到烤盘上，用抹了油的保鲜膜包裹住小面团，使之膨胀，直至30分钟后，面团变大一倍为止。

3 将抹茶和糖放入另一个碗中，用茶匙搅拌，直至充分混合，倒入盘中。

4 往一个大的平底锅中倒入5厘米厚的油，加热，直至放入其中的面包片嘶嘶作响，30秒内开始变焦为止。用涂了一层油的煎鱼锅铲将一些面饼送入锅中，微微煎3分钟，底部变成金黄色后翻面。用漏勺沥干油，并用厨房纸巾吸干多余的油分，然后在抹茶糖霜中滚一下。

5 将姜汁果酱放进一个喷嘴内径为1厘米（半英寸）的裱花袋中（也可以放入聚乙烯食品袋中，去掉袋子的一角）。用小刀的尖刃从面团侧面刺进去，直入面团内部，然后用裱花袋往中间挤少许酱料。

抹茶能量块

△25个饼

相比甜味浓郁的椰枣口味点心和口感醇厚的可可口味点心，抹茶口味的点心甜味淡了许多，但还是清甜可口。喝早茶的时候吃上几个，能给你提供上午所必需的能量。

准备时间：10分钟

食材

- 75克去皮的榛子
- 150克去核的椰枣
- 40克可可粉
- 适量食用海盐
- 2茶匙抹茶
- 2汤匙枫糖浆或蜂蜜
- 额外备少许可可粉，用于喷撒装饰

步骤

1 将榛子放进冷水中浸泡几个小时，然后捞出，沥干水分。（这一步并非必需，但浸泡会让榛子更容易消化，提高人体对榛子中所含营养物质的吸收率。）

2 将榛子放入食品料理机中磨碎。加入椰枣、可可粉、盐和抹茶，充分搅拌，直至混合物开始变得有点黏。然后再加入枫糖浆或蜂蜜，搅拌均匀。

3 将上述混合物倒在保鲜膜上，然后压成约10平方厘米的方体。先横向切成5段同样长短的长条状，再纵向切，以成25小块。

4 让小糖块在可可粉中滚一滚，使糖块沾满可可粉。在密闭容器中保存。

Tips

这里推荐使用的可可粉是用未经焙烧的可可豆打磨而成的，而不是经过烘焙处理的可可粉，但是使用后者也可以。

用其他坚果也可以，如杏仁、核桃或巴西坚果等。用肉桂粉或姜粉调味也行。

抹茶奶油蛋挞

△12个蛋挞

抹茶和奶油蛋挞搭配也是很不错的。这种葡萄牙口味的蛋挞，任何时候都可以想吃就吃。

准备时间：25分钟　　烹饪时间：30分钟

食材

- 适量抹茶和精制细砂糖，制作抹茶糖粉
- 1个打散的蛋，用来刷
- 4个蛋黄
- 300克发酵面团
- 75克砂糖
- 400毫升淡奶油
- 1汤匙软黄油
- 1茶匙香草精
- 1茶匙抹茶
- 2汤匙玉米面或玉米淀粉

步骤

1 将烤箱预热至200摄氏度。烤盘上放置12个烤杯，并在烤杯上涂满软黄油。在案板上铺上薄薄的一层面粉，将发酵面团放在案板上擀开，使之成为约23厘米大小的方形，然后卷起来。

2 将面卷平均切成12块。取出一块，切掉棱角，揉捏，直至变成直径10厘米的圆形饼。用餐叉叉起一个饼放入一个烤杯中（当心不要刺破了）。其他的面团也做同样的处理。

3 取一大块保鲜膜，将一把烘豆放入保鲜膜中。将保鲜膜边缘聚合起来，形成一个小包，放入馅饼中。其他的馅饼也做同样的处理。烘烤10分钟，直至馅饼变得坚硬为止。取出烘豆。

4 将1茶匙抹茶和75克砂糖倒入一个碗中，用茶匙底部搅拌，直至混合在一起。加入蛋黄、香草精和玉米淀粉（玉米面），搅拌均匀。将奶油放入小的平底锅中加热至发烫，倒入抹茶和糖的混合物，搅拌均匀，成奶冻。

5 用打散的蛋液涂抹粗糙的饼面，直至变得光滑平整。

6 用滤网将奶冻过滤到罐子里，倒进馅饼中，烘烤18～20分钟，直至奶冻凝固，但中间仍然松软为止。放在锅中凉凉，直至能够轻松取出蛋挞为止。

7 冷食或热食均可，还可以撒上适量抹茶糖粉。

开心果葡萄干抹茶饼

△10片饼

注意，这道点心不能过分烘烤，不然就会失去其润泽的口感。做成后可以单独吃，也可以浇上少量的黄油吃。

准备时间：10分钟，包括浸渍时间　　烹饪时间：50～60分钟

食材

- 1汤匙抹茶
- 250克小葡萄干
- 250克低筋面粉
- 1茶匙发酵粉
- 150克砂糖
- 100克开心果，切碎
- 75克液态黄油
- 1个蛋
- 额外备砂糖撒在饼上

步骤

1 将烤箱预热至170摄氏度。在烤盘上铺一张约22厘米×10厘米大小的锡纸。将抹茶倒入沸水中搅拌均匀，然后加入更多的水，使之变成300毫升，再加入葡萄干，静置1小时凉凉。

2 将面粉和发酵粉混入碗中，加糖和一半的开心果，搅拌均匀。将黄油和蛋放入另一个碗中搅拌均匀，然后与葡萄干和抹茶混合液一起加入面粉和发酵粉的混合物中，搅拌均匀。

3 将混合物倒在锡纸上，抹平表面。撒上适量的坚果，烘烤50～60分钟，直至表面变得坚硬，竹签插入后取出不会带出任何残留物。撒上适量的糖，转移到冷却架上凉凉。

抹茶饼

△15个抹茶饼

外表酥脆，内里柔软，这些小点心不仅外形可爱，而且口感极佳！它们能在密闭容器中保存数天，所以你可以一次多做些，连续吃好几天！

准备时间：30分钟，包括成形时间　　制作时间：10分钟

食材

- 1.5茶匙抹茶
- 100克杏仁粉
- 100克蛋白液（约需3个蛋）
- 100克细砂糖
- 100克糖霜

夹心配料

- 125克白巧克力，切碎
- 1汤匙无盐黄油

步骤

1 用切刀在两张烘烤纸上各划出16厘米×5厘米的圆片，每个圆片周围留出一定的空间，将烘烤纸取出，放入两个烤盘中。

2 往抹茶里加入2汤匙糖霜，放入小碗中，用茶匙搅拌均匀，直至糖被染成绿色为止。将杏仁粉和剩下的糖霜倒入食品料理机中充分搅拌均匀。用餐叉将蛋白液完全打散，称出50克加入食品料理机中，搅拌成糊状。

3 将剩下的蛋白液倒入另一个耐热碗中，轻轻搅拌，直至泛起泡沫为止，加入细砂糖，将碗放到盛着微烫的水的平底锅中，确保碗内不进水。煨热蛋白液，搅拌，直至液体微微耸起，从锅上移开，继续搅拌，直至蛋白液变得黏稠厚实。将四分之一的蛋液倒入抹茶混合物中，再将这一混合物倒入剩下的蛋液里，用一个大金属勺搅拌均匀。

4 将上述的蛋液抹茶混合物放入一个有1厘米长的喷嘴的裱花袋中。将混合物注到烘烤纸中间的圆圈里，混合物触碰到圆圈边缘之前将裱花袋移开。（移走裱花袋后，混合物仍然会继续扩大。）静置30分钟。将烤箱预热至170摄氏度。

5 烘烤蛋白杏仁饼10分钟，直至手感坚硬。放在纸上凉凉。

6 将隔热碗放在盛满沸水的平底锅中，确保碗内不进水，再将巧克力放入碗中加热，使之化开。从锅中移开碗，加入黄油搅拌。搅拌均匀后，将其夹入两块杏仁饼之间，使饼黏合，冷藏。

抹茶爆米花

△100克爆米花

炸爆米花一般用普通的食用油即可。但这道甜点我们推荐用椰子油，因为它跟抹茶的味道更搭。只需1茶匙抹茶，你就能给这道甜点增添别样的风味。

准备时间：2分钟　　制作时间：5分钟

食材

- 1汤匙椰子油
- 5汤匙糖霜或精制细砂糖
- 1茶匙抹茶
- 100克玉米粒

步骤

1 将椰子油倒入大的平底锅中，微微加热至油化开。再加入2汤匙糖霜搅拌，至糖完全溶解。将剩下的糖霜混入抹茶中搅拌均匀，备用。

2 把玉米粒倒入平底锅中，盖上锅盖，微微加热，不时地摇晃锅，直至爆炸声停止。

3 将爆米花倒入抹茶糖中，来回摇晃，使爆米花均匀地裹上抹茶糖，凉凉。

茶、果汁和鸡尾酒 6

接骨木花酸橙绿茶

△1人份

只要仔细查看超市的饮品货架，你就会发现，很多日常饮料的配料中都含有抹茶。

准备时间：2分钟

食材

- 0.5茶匙抹茶
- 1茶匙酸橙汁
- 2～3汤匙接骨木花水
- 1片酸橙片

步骤

1 将抹茶、酸橙汁和1汤匙接骨木花水倒入一个大杯子中，搅拌均匀。

2 持续加水搅拌直至满杯。按照个人习惯，可再放入一两汤匙接骨木花水，增加甜度，或配上一片酸橙调味。

Tips

果味绿茶

将抹茶粉和任何果茶混合，无论是在配料、色泽还是口味上都更多了一点儿层次。抹茶搭配浆果和大黄都很不错。先往一个杯子中倒入少量刚烧开的沸水，然后加入四分之一茶匙的抹茶搅拌均匀，再放入果茶包和更多的水，浸泡2～3分钟，然后取出果茶包。

柠檬蜂蜜绿茶

如果你感冒着凉了，就请喝一杯富含维生素C的温热的柠檬蜂蜜绿茶。往杯子中倒入四分之一茶匙的抹茶。烧一壶开水，静置2～3分钟，然后倒一点与抹茶混合，搅拌均匀，使抹茶粉完全溶解，再加满水。加入一汤匙鲜榨的柠檬汁和一汤匙蜂蜜，搅拌均匀。最后，再加入一片柠檬片调味。

抹茶珍珠奶茶

将250毫升牛奶倒入小的平底锅煮沸。加入0.5茶匙抹茶和1～2汤匙精制细砂糖，搅拌至抹茶粉和糖完全溶解，放入冰箱中冷藏。加入煮好的黑珍珠粉圆（可以在食品店或网上购买这种食材）和碎冰块，插入一根珍珠奶茶大吸管，即可饮用。

加冰抹茶

△2人份

这款美味的冰茶色泽鲜绿，口感如奶油般丝滑，果仁奶确实给它增添了别样的风味，但使用平常的奶制品也可以制作这款冰茶。

准备时间：5分钟

食材

- 1汤匙抹茶
- 1茶匙细砂糖
- 1.5茶匙香草精
- 600毫升冷藏杏仁奶或榛子奶
- 冰块或抹茶冰块

步骤

1 将抹茶、香草精和3汤匙奶倒入碗中搅拌均匀，继续加入剩余的奶搅拌，然后存放在冰箱冷藏。饮用的时候，可以加入冰块。

Tips

按如上步骤制作冰饮料，浇上几勺香草冰激凌或非乳制品冰激凌，就成了一款充满夏日风味的美味甜点。

加了抹茶后，冰块更多了别样的风味。将0.5茶匙抹茶放入一个小碗中，慢慢地再加入150毫升冷水，轻轻搅拌，然后倒入制冰格或冰袋中冷冻数小时。

香蕉抹茶果昔

△1人份

这款饮料结合了绿茶、水果和芝麻的美味与营养，任何时候都可以用来补充能量。

准备时间：2分钟

食材

- 1根成熟的小香蕉
- 1汤匙芝麻酱
- 125毫升杏仁奶
- 少量柠檬汁
- 0.5茶匙抹茶
- 1茶匙蜂蜜

步骤

1 将香蕉切成薄片后放入搅拌机，加入其他的配料，搅拌均匀，使混合物变得光滑细腻。加入少量柠檬汁调味，最后，倒入玻璃杯中饮用。

抹茶椰子奶

△1人份

将抹茶和椰子奶搭配组合，就成就了一款美味的饮品。如果不想摄入过多脂肪，就用脱脂或半脱脂椰子奶。

准备时间：2分钟　　制作时间：2分钟

食材

- 0.5茶匙抹茶
- 150毫升椰子奶
- 0.5～1茶匙精制砂糖

步骤

1 在一个小的平底锅中放入抹茶，再倒入少量的椰子奶，搅拌均匀，直至液体中不再产生泡沫为止。

2 加入剩下的椰子奶和150毫升水，微微加热，但不要煮沸。用搅拌机搅拌，倒入一个深的隔热杯中，加入少量的糖调味。

石榴抹茶热饮

△2人份

温热、醇香而提神，这款饮品最适合在寒冷的冬日饮用。由于加入了其他食材，因此抹茶的味道淡了许多，但这种淡淡的口味，令人唇齿留香！

准备时间：2分钟　　制作时间：2～3分钟

食材

- 1茶匙抹茶
- 400毫升石榴汁
- 2个小柑橘
- 10个丁香
- 2茶匙石榴糖浆
- 精制细砂糖
- 少量新鲜的石榴果粒
- 2根肉桂棒

步骤

1 将抹茶和少许石榴汁倒入小碗中，搅拌均匀。

2 鲜榨一个小柑橘，将柑橘汁和剩下的石榴汁倒入平底锅中，搅拌均匀。将另一个小柑橘和丁香切半，放入平底锅中，微微加热2～3分钟。

3 将石榴糖浆和抹茶混合物加入锅中，如果觉得味道太酸，就加入少量的糖调味。

4 盛入隔热杯中，加入水果和肉桂棒，完成。

KILNER

薄荷抹茶莫吉托

△2人份

这款饮品口味如夏天一般清爽，无论外观还是味道都是绝佳的。

准备时间：2分钟

食材

- 一小把鲜薄荷枝
- 1汤匙精制细砂糖
- 1茶匙抹茶
- 2个酸橙，榨汁
- 冰块
- 300毫升鲜榨苹果汁，冷藏
- 适量鲜薄荷叶和鲜柠檬片

步骤

1 将薄荷枝放入两个较高的玻璃杯中，将抹茶和糖分别倒入杯中。然后用木勺柄将两种食材搅拌均匀，折断薄荷枝。加入少许酸橙汁。

2 加入足量的冰块和苹果汁，用适量的薄荷叶和柠檬片装饰。

Tips

在用木勺搅拌之前加入25毫升白朗姆酒，就可以做成口味清淡的抹茶鸡尾酒了。

抹茶调酒

△2人份

这是由两种饮料搭配而成的饮料——上面是清香的绿茶，下面是清甜的甜酒。可以单独喝两种饮料，也可以混合起来一起喝。饮料色彩缤纷，口感极佳！

准备时间：2分钟，包括冷却时间　　制作时间：2分钟

食材

- 2茶匙精制细砂糖
- 1株柠檬草
- 2个百香果
- 125毫升百香果汁
- 3汤匙伏特加酒
- 0.25茶匙抹茶
- 2滴石榴汁糖浆
- 冰块

步骤

1 将糖放入一个平底锅中，倒入4汤匙水，微微加热直至糖溶化。纵向将柠檬草切成两半，加入锅中，加热两分钟，然后从火上移开，凉凉。

2 将百香果切成两半，备用。从糖浆中取出柠檬草，备用。将百香果肉舀出来，放进一个碗中，倒进糖浆，并加入百香果汁和伏特加酒。舀1汤匙糖浆倒入另一个碗中，加入抹茶，搅拌，直至光滑。将剩下的糖浆倒入继续搅拌。

3 准备两个杯子，杯中倒入冰块，各放入一缕柠檬草条和适量百香果肉。然后倒入抹茶混合物，再各加入一滴石榴汁糖浆，即可饮用。

抹茶浆果泥

△2人份

用厨房高速搅拌器将冰冻的果子搅成爽滑的果浆，口感就像加冰的果子露一样美味。如果用了酸味的水果，可以加一点儿糖调味。

准备时间：3分钟

食材

- 2茶匙抹茶
- 1汤匙糖或枫糖浆
- 350毫升鲜榨橙汁
- 300克冰冻的仲夏野莓（由天然新鲜的草莓、桑莓、黑莓、蓝莓等制成）

步骤

1 将抹茶和糖混合放入一个小碗中，再倒入2汤匙热水搅拌，直至糖溶解。

2 将抹茶糖浆倒入搅拌器中，加入冰冻野莓和橙汁，搅拌直至混合物变得浓稠光滑，倒入杯中，即可饮用。